まいにち小鍋

——毎日おいしい 10 分レシピ

一個人的
小鍋料理

小田真規子——作　林美琪——譯

— 暢銷紀念版 —

前言

感謝您拿起這本書。

「對了，最近每天都吃小鍋呢……」
持續嚴寒的冬日，有一天我突然想到這件事，於是催生出這本書。

發想食譜、試做、拍照等，忙碌便是我的日常。我每天回到家都晚了，也累了，因此總想選擇好準備、好善後的料理。而且冬天冷颼颼，熱呼呼的料理最適合，若能當下酒菜就更棒了……。

於是，自然而然每天晚餐都是小鍋上桌，輕鬆解決。

小鍋很方便，只要前一晚或當天早上把火鍋料準備好，連同湯底一起放入冰箱冷藏，不論幾點回家，只要加熱便能立即享用溫暖的料理。調味料也很簡單，只要利用火鍋加熱的空檔調好湯頭和醬料就OK了。小鍋下肚，身心暖呼呼，整個人都放鬆了。假日大夥兒圍著大鍋大快朵頤，好過癮，但平日自己一人來個小鍋，不也是一種小幸福？

　　動了這個念頭，然後詢問周遭朋友，意外發現很多人都過著「小鍋生活」呢，雙薪家庭、獨居人士、每晚在家小酌的年輕女性和下班回家後的爸爸……。不少人吃膩了冷凍料理包，或是擔心蔬菜攝取不足，於是轉而投入小鍋世界。

　　最近，餐具店和雜貨店都紛紛擺上小鍋，甚至比大鍋擺設得更搶眼；專為一人獨享而調配的綜合調味料，種類也大幅增加，因此許多人都成為「小鍋族」了。

　　我聽到不少小鍋族的心聲：「我想擺脫那老變不出新花樣的火鍋。」、「蔬菜的話，除了白菜還能放什麼呢？」、「我想要一本可以教我做出百吃不膩又輕鬆上桌的鍋物食譜。」

　　我想，身為一名「享受小鍋生活的料理家」，應該好好提供一些小鍋食譜給大家，於是這本《一個人的小鍋料理》誕生了。裡面收錄50道簡單、美味又健康的食譜，希望它能陪伴各位度過溫暖、幸福的「小鍋生活」。

小田真規子

小鍋生活，好處多多！

❶吃出溫暖幸福好心情！

嚴寒時節，回家即便開暖氣也不會立刻溫暖。可是，把小鍋煮得咕嘟咕嘟響，熱氣和湯氣便能讓屋內充滿「體溫」。光是把熱呼呼的鍋子端上桌，心情便能放鬆下來，真是不可思議。而且只要持續加熱，整鍋都不會冷掉，料理只要熱熱的，看起來就好好吃。鍋物真是個能一直溫暖我們的「暖心料理」啊。

熱呼呼
好幸福

❷有益健康的養生料理！

能夠均衡攝取肉、魚、蔬菜等營養，也是小鍋料理的好處之一。肉的油脂會溶解於湯汁中，只要不把湯喝完，便不會攝取過多的熱量。此外，蔬菜煮過後，會比生吃更容易入口，也更容易攝取到食物纖維。能夠確實吃到蔬菜和蛋白質，又能溫暖身體的小鍋，真是「值得推薦的養生料理」呢。

❸ 經濟實惠！

利用雞肉和豬肉、鹽漬鮭魚和鹽漬鱈魚、韭菜和白菜等隨處買得到的便宜食材，就能充分煮出美味，這也是小鍋的魅力。白菜價格變貴的話，可以用高麗菜或豆芽菜取代，換句話說，因為食材的替代性高，小鍋生活能夠省下不少日常餐費，但偶爾也能奢侈一下，享用高價食材的「豪華鍋」。飲食生活充滿彈性，更添樂趣。

❹ 人人會煮，不費工夫！

小鍋料理基本上就是切好食材、用湯煮熟而已，因此人人都會，準備作業也相當簡單，廚藝好壞皆無妨。此外，鍋子本身既是調理器具也是餐具，一鍋兩用，清洗省事，這點也是小鍋的好處。忙碌的日常，再沒這樣值得感謝的好料理了。

少洗一點，輕鬆一點

❺很適合當「在家小酌的下酒菜」！

　　小鍋讓「在家小酌」更愜意。不同的鍋物可搭配啤酒、日本酒、燒酎、葡萄酒等不同酒類，而且在桌上持續加熱即能保溫，最適合想慢慢享受飲酒之樂的人。以小鍋當下酒菜，最後再利用湯汁煮成粥或烏龍麵，絕對能酒足飯飽。

下酒一級棒

❻將基本食材「先準備好」就更輕鬆了！

　　有一些好用的基本食材，例如：雞肉、豬肉、鹽漬鮭魚、鹽漬鱈魚、白菜、蘿蔔、香菇……。為了方便馬上使用，最好假日就「先準備好」。此外，喜歡的湯頭和醬料也不妨多做一些保存起來，這樣就能不花工夫，立即享受美味的小鍋了。

❼ 對雙薪家庭的夫妻特別方便！

　　雙薪家庭的夫妻有時回家時間不一樣，晚餐時間很難配合。這時小鍋就可派上用場。先回家的人切好二人份的食材，裝進二個小鍋中，一鍋自己吃，另一鍋放入冰箱，等另一半回家後，只要放入湯汁加熱，「10 分鐘」就能熱呼呼享用了。小孩子吃的小鍋也能用相同食材不同口味，非常方便。

先準備好，
輕鬆上菜

❽ 每天吃都吃不膩！

　　小鍋因為尺寸小，能放入的火鍋料有限，但火鍋料與調味料的搭配組合，可以變化出無窮的滋味。不過，不能太依賴市售的高湯或火鍋湯底，因為口味較重，會蓋掉食材的原味，容易吃膩。因此本書介紹的是善用食材原味、365 天都吃不膩的小鍋食譜。

目錄

前言　2

小鍋生活，好處多多！　4

第1章　回家 10 分鐘就熱呼呼！基本鍋

橙醋生薑常夜鍋　16

濃郁豬五花鍋　18

豬肉佐番茄疊疊鍋　20

鹽鮭石狩鍋　22

壽喜涮涮鍋　24

豆漿山藥泥鍋　26

雞絞肉佐小松菜蛋花湯鍋　28

柚子胡椒風味鱈魚蔬菜鍋　30

豬肉榨菜鍋　32

鮪魚韭菜湯豆腐鍋　34

溫暖濃稠涮涮鍋　36

專欄❶ 小鍋的調味方式　38

專欄❷ 小鍋生活須知　40

第 2 章　適合在家小酌！下酒鍋

豆腐絞肉酸辣湯鍋　48

豆腐魩仔魚海苔鍋　50

醃漬金針菇豆腐鍋　52

牛蒡牛肉柳川鍋　54

蘑菇豆腐香蒜鍋　56

油漬沙丁魚檸檬鍋　58

豬肉青蔥肉湯鍋　60

納豆韓式小鍋　62

豆皮昆布絲鍋　64

鹽雞胡椒鍋　66

專欄❸ 利用剩下的食材直接做成涼拌下酒菜　68

第 3 章　花點工夫！美味鍋

雞肉丸相撲火鍋　80

芝麻豆漿豬肉涮涮鍋　82

豬肉白菜檸檬鍋　84

豬肉牛肉番茄壽喜鍋　86

烏龍茶豬肉涮涮鍋　88

韓式壽喜燒　90

韓式雞腿肉鍋 92

韓式純豆腐鍋 94

南洋風炊飯 96

肉燥擔擔鍋 98

蘿蔔韓式蔘雞湯 100

專欄❹ 小鍋烹飪教室 102

第4章 消除疲勞！健康藥膳鍋

中華風味大蒜壽喜燒 114

豬絞肉菠菜印度咖哩鍋 116

滿滿黑芝麻鍋 118

豬肉甜椒堅果起司鍋 120

雞胸秋葵黏黏鍋 122

義大利雜菜風味酸醋鍋 124

雞翅冬粉膠原蛋白鍋 126

海帶芽豆腐豆漿鍋 128

蛤蠣生菜梅子味噌鍋 130

蔬菜涮涮鍋 132

專欄❺「火鍋料吃完後」的作法 134

第5章　冰箱空蕩蕩！速成超商鍋

冷凍炸雞橙醋鍋　140

牛肉奶油醬油鍋　142

港式涮涮鍋　144

義式水煮魚鍋　146

韓式部隊鍋　148

泰式酸辣鍋　150

馬鈴薯燉肉鍋　152

培根豆腐鍋　154

專欄❻ 好用的小鍋用具　156

後記　158

使用本書前請注意！

● 1 杯＝ 200ml，1 大匙＝ 15ml，1 小匙＝ 5ml

●無特別標示的食譜，分量皆為一人份。

●「作法」中，【湯汁】、【醬料】的材料皆為「依序加入」，請依照食譜中的
順序放進去。若是排列成二欄且無標示時，請依左上到左下、右上到右下的順
序放入。

●鍋具大小為：土鍋的一人份是 6 ～ 7 號，二人份是 7 ～ 8 號；小平底鍋是直徑
約 20cm，普通平底鍋是 24 ～ 26cm；鑄鐵鍋是 15 ～ 18cm 左右。

●熱量標示為包含火鍋料、適量湯汁、醬料的總熱量（一人份）。

第 1 章

回家 10 分鐘
就熱呼呼！
基本鍋

本章介紹11道簡單的基本鍋物，食材與調味料都是隨處買得到的，就從喜歡的那道開始做吧。利用假日把火鍋料和湯汁「先準備好」，平時只要將火鍋料放入鍋中，再放入湯汁，加熱即可，回家10分鐘就能熱呼呼上桌了。將火鍋料和小鍋成組放入冰箱，之後回來的家人也能立即享用。

橙醋生薑常夜鍋 *

無論放什麼料都好吃的基本鍋

【火鍋料】

里肌肉、肩里肌等豬肉薄片…100 ～ 150g

菠菜（去除根部後長度對切）…100g

金針菇（去除根部後分成小朵）…100g

【湯汁】

水…2 杯

鹽… ½ 小匙

麻油…1 小匙

生薑（切薄片）…7.5 ～ 15g

【醬料…橙醋醬】

醬油…2 大匙

砂糖…1 大匙

醋…2 大匙

水…3 大匙（或是煮汁 2 大匙）

◎ 作法

❶ 鍋中依序放入肉、菠菜、金針菇。

❷ 加入混合好的【湯汁】。

❸ 蓋上鍋蓋，以中火加熱，煮沸後撈去浮沫，煮熟即可沾【醬料】享用。

菠菜可換成小松菜或水菜。豬肉除了里肌肉、肩里肌之外，喜歡味道濃郁的可用五花肉取代。

* 編註：常夜鍋意即就算每天晚上吃都不會膩。

濃郁豬五花鍋

味噌湯頭，令人放鬆的「基本好滋味」

【火鍋料】
豬五花薄片（切成 7 ～ 8cm 長）…100 ～ 150g
豆芽菜…200g
韭菜（切成 7 ～ 8cm 長）…50g

【湯汁】
味噌…3 大匙
味醂…1 大匙
紅辣椒（切小片）…1 ～ 2 根
大蒜（縱向對切，再切成薄片）…1 ～ 2 瓣
水…1½ 杯

【完成】
白芝麻粉…2 大匙

◉ 作法
❶ 鍋中依序放入肉、豆芽菜、韭菜。
❷ 加入混合好的【湯汁】。
❸ 蓋上鍋蓋，以中火加熱，煮沸後撒上【完成】，煮熟即可享用。

原則上是 3 大匙味噌，但其中 1 大匙可換成醬油或蠔油。

豬肉佐番茄疊疊鍋

沾上醬料一入口就「啊！」的驚喜絕品洋風鍋

【火鍋料】
豬五花薄片（切成 7 ～ 8cm 長）…150g
洋蔥（縱向對切，再切成 5mm 寬）…150g
番茄（去蒂後切成 6 ～ 8 等分的月牙形→ p108）…2 個（300g）

【湯汁】
水… ½ 杯

【醬料】
顆粒芥末醬…2 大匙
醬油…2 大匙
橄欖油…1 小匙
蔥花…25g

● 作法
❶ 平底鍋中鋪上洋蔥，再鋪上豬肉，豬肉盡量不要重疊，再鋪上番茄。
❷ 加入【湯汁】，蓋上鍋蓋，以中火加熱。
❸ 開始沸騰後，繼續以中火蒸 5 分鐘，沾【醬料】享用。

如果要用小碗分裝，請將番茄、洋蔥和豬肉一起放入碗中。用甜椒或綠花椰菜代替番茄也很讚。

鹽鮭石狩鍋 *

520
kcal

品嘗濃濃的胡椒香與奶油香

【火鍋料】

鹽漬鮭魚（甘口，水洗後擦乾）…2 片（180g）

高麗菜（切成 2cm 寬）…3 ～ 4 片（150 ～ 200g）

洋蔥（切成 6 ～ 8 等分的月牙形→ p108）… ½ 個（100g）

【湯汁】

味噌…2 大匙

酒…2 大匙

醬油…1 小匙

水…2 杯

【完成】

奶油…10 ～ 20g

粗粒黑胡椒…少許

◉ 作法

❶ 鍋中放入洋蔥與混合好的【湯汁】，以中火加熱。

❷ 煮沸後，放入鮭魚和高麗菜，煮熟即可。

❸ 撒上【完成】。

甘口鹽漬鮭魚可以冷凍直接入鍋。如果使用辛口鹽漬鮭魚，最好先泡在酒或水中 10 分鐘去掉鹽分。

* 編註：石狩鍋是北海道地道的火鍋料理，主要食材是鮭魚，因此以鮭魚產量豐富的石狩川命名。

壽喜涮涮鍋

640 kcal

每天都想吃的清爽壽喜風涮涮鍋

【火鍋料】
里肌肉、肩里肌等豬肉火鍋片⋯150 ～ 200g
牛蒡（切成約 15cm 長，刨成帶狀→ p108）⋯100g
鴻喜菇（去掉根部後分成小朵）⋯50g
珠蔥（切成 6 ～ 7cm 長）⋯10 根

【湯汁】
昆布（5cm 正方形）⋯1 片
砂糖⋯2 大匙
味醂⋯ ¼ 杯
醬油⋯ ¼ 杯
酒⋯ ¼ 杯
水⋯1 杯

【醬料】
溫泉蛋⋯適量

◉ 作法
❶ 鍋中放入【湯汁】，以大火加熱。煮沸 2 分鐘，讓酒精揮發。
❷ 轉中火，放入牛蒡和鴻喜菇，稍微煮熟後，放入肉和珠蔥。
❸ 依個人喜歡的熟度沾【醬料】享用。

切好的牛蒡可泡水 5 分鐘去除澀味，味道會比較清爽，湯汁也不會混濁。

豆漿山藥泥鍋

在山葵和芥末的提味下，美味無法擋

【火鍋料】
嫩豆腐（切成 4 等分）…300g
水菜（切成 6 ～ 7cm 長）…100g
山藥（磨泥）…150g

【湯汁】
鹽…1 小匙
醬油…1 小匙
豆漿…1 杯
水…1 杯

【醬料】
芥末、山葵…適量
醬油…適量

◉ 作法
❶ 鍋中放入【湯汁】，以中火加熱，煮沸後放入豆腐，以小火煮 3 分鐘。
❷ 放入水菜，再放上山藥泥，煮沸一下。
❸ 煮熟後沾芥末醬油或山葵醬油享用。

豆腐用瓷湯匙舀起來，稍微弄破，再搭配山藥泥和水菜一起享用。

雞絞肉佐小松菜蛋花湯鍋

650
kcal

絞肉上裹著濃稠的蛋花

【火鍋料】
雞絞肉（和 1 大匙麵粉混拌一下）…150g
豆腐（撕成 8 等分）…150g
小松菜（切成 5cm 長）… 100g

【湯汁】
鹽… ½ 小匙
醬油…1 大匙
味醂…3 大匙
水…1 杯

【完成】
蛋（稍微打散）…1 個
花椒粉…適量

◉ **作法**
❶ 鍋中放入【湯汁】，以中火煮沸 2 分鐘，放入豆腐、小松菜，續煮 1 ～ 2 分鐘。
❷ 將絞肉分散撒入，煮到變色為止。
❸ 【完成】的蛋汁以畫圓方式均勻地淋入鍋中，以中火煮 20 秒左右，直到呈黏稠的半熟狀為止。

蛋不要打得太散。美味關鍵就是蛋汁淋入鍋中後不要煮得太熟。花椒粉可依個人喜好撒入。

柚子胡椒風味鱈魚蔬菜鍋

麻油搭配柚子胡椒，美味得令人吃驚

【火鍋料】
豆腐（對半切開）…300g
鹽漬鱈魚（切成 3 等分）…2 片（200g）
青蔥（斜切成薄片→ p106）…1 根（100g）

【湯汁】
鹽… ½ 小匙
柚子胡椒…1 小匙
麻油…1 大匙
昆布（5cm 正方形）…1 片
水…2 杯

◉ **作法**
❶ 鍋中放入【湯汁】，以中火煮沸。
❷ 放入豆腐，煮沸後轉小火，續煮 3 分鐘。
❸ 放入鱈魚片、青蔥，轉成中小火煮 2 ～ 3 分鐘至煮熟為止。

可依個人喜好增加柚子胡椒的用量。建議使用少鹽且香味高雅的「三福庵」
（mifukuan，佐賀縣）柚子胡椒。

豬肉榨菜鍋

460 kcal

蠔油和榨菜的完美絕配

【火鍋料】

豬五花薄片（切成 7 ～ 8cm 長）…100 ～ 150g

胡蘿蔔（用刨刀刨成帶狀→ p108）…80g

青江菜（從根部取下葉子，隨意切開）…150g

【湯汁】

鹽… ½ 小匙

蠔油…2 小匙

榨菜（太大就切小一點）…30 ～ 50g

辣油…5 滴（隨個人喜好增加）

水…2 杯

◉ 作法

❶ 鍋中放入【湯汁】，以中火煮沸。

❷ 放入豬肉、胡蘿蔔、青江菜。

❸ 煮沸後，轉小火續煮 2 分鐘。煮熟即可享用。

榨菜是使用罐裝的榨菜薄片，它沾滿了麻油，能讓湯頭又香又濃。

鮪魚韭菜湯豆腐鍋

590 kcal

沾上辣醬就百吃不厭的陽春鍋

【火鍋料】

鮪魚罐頭（瀝掉罐汁）⋯65g

豆腐（瀝掉水分，切成 4 等分）⋯300g

韭菜（將葉尖以外的部分切成 7 ～ 8cm 長）⋯85g

油豆皮（用溫水搓洗後，切成 6 等分）⋯1 片

【湯汁】

鹽⋯ ½ 小匙

水⋯2 杯

【醬料】

砂糖⋯1 大匙

鹽⋯ ½ 小匙

醬油⋯2 大匙

醋⋯3 大匙

辣油⋯10 滴

韭菜的葉尖部分（切成 2mm 寬）⋯4 大匙（15g）

◉ 作法

❶ 鍋中放入豆腐及油豆皮，上面放鮪魚和韭菜。

❷ 加入混合好的【湯汁】。

❸ 蓋上鍋蓋，以中火加熱，煮熟即可沾【醬料】享用。

韭菜的葉尖部分切成碎末當佐料，其餘部分當火鍋料使用，充分享受韭菜的風味。

溫暖濃稠涮涮鍋

讓身體暖呼呼的濃稠肉片涮涮鍋

【火鍋料】

腿肉、里肌肉等豬肉火鍋片⋯100 ～ 150g

胡蘿蔔（去皮後用刨刀刨成帶狀→ p108）⋯100g

水菜（切成 8cm 長）⋯50g

太白粉水⋯太白粉（1 大匙）＋水（2 大匙）

【湯汁】

鹽⋯¼ 小匙

生薑（切薄片）⋯7.5g

水⋯3 杯

【醬料】

味噌⋯1 大匙

美乃滋⋯2 大匙

醬油⋯1 大匙

醋⋯1 大匙

麻油⋯ ½ 小匙

◉ **作法**

❶ 鍋中放入【湯汁】，煮沸。

❷ 用太白粉水勾芡。

❸ 將肉和蔬菜一點一點放入，煮至喜歡的熟度，沾【醬料】享用。

湯汁用太白粉勾芡後，肉片能煮得更嫩，而且不容易釋出浮沫、不容易變涼，非常推薦。

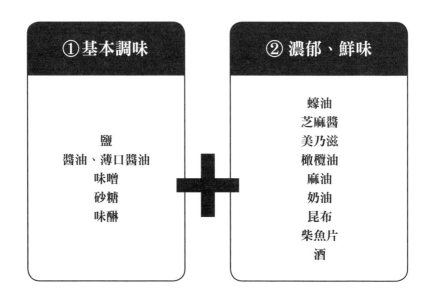

①基本調味

鹽
醬油、薄口醬油
味噌
砂糖
味醂

②濃郁、鮮味

蠔油
芝麻醬
美乃滋
橄欖油
麻油
奶油
昆布
柴魚片
酒

本書不使用市售的「高湯」或「湯底」，而是利用圖中的三大要素來調味。請參考上圖，挑戰一下感興趣的好滋味。組合方式變化無窮，供您實現 365 天吃不厭的「小鍋生活」。

①基本調味

利用鹽、醬油等基本調味料進行簡單的調味。讓食材滋味釋放到湯汁中的最大要素便是鹽。鹽加熱後味道不會改變。調味的訣竅就是以鹽為主，再加上醬油或味噌，而砂糖和味醂等甜味調味料要控制到最低程度，只做提味即可。

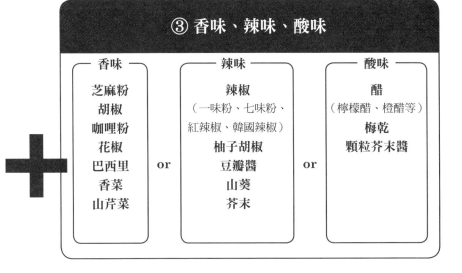

③ 香味、辣味、酸味

香味		辣味		酸味
芝麻粉 胡椒 咖哩粉 花椒 巴西里 香菜 山芹菜	or	辣椒 （一味粉、七味粉、 紅辣椒、韓國辣椒） 柚子胡椒 豆瓣醬 山葵 芥末	or	醋 （檸檬醋、橙醋等） 梅乾 顆粒芥末醬

② 濃郁、鮮味

除了食材本身熬煮出來的濃郁鮮味，再加上油和調味料。適度加上麻油、奶油等即能提升濃郁度，而利用昆布、柴魚片、酒，能讓滋味更深邃。

③ 香味、辣味、酸味

以 1、2 的調味料為基底，再利用香料及酸味達到畫龍點睛之效。這麼一來不但味道有變化，也能提升鮮味及濃郁感。既可當成醬料，也可煮好時放入鍋中。

提出鮮味的食材

專欄 1 介紹了基本的調味方式，但除了調味料以外，我們身邊還有許
多食材也能提出料理的鮮味，例如海苔、乾海帶芽、櫻花蝦、魩仔魚
乾、綜合海鮮、昆布絲、培根、香腸、醃漬金針菇、韓式泡菜、榨菜等，
只要加入一些，不但能增加鹽分，還能讓口感、香氣、濃郁、辣味等
立即產生變化。

薄口醬油是萬能調味料

鍋物料理就要用薄口醬油。和一般醬油（濃口醬油）相比，薄口醬油
的特色在於顏色淡、香氣不強，但鹽分高（一般醬油的鹽分占 15%，
薄口醬油的鹽分占 16 ～ 17%）。使用薄口醬油熬煮，
火鍋料的顏色不會變黑，但鹹度夠，也有一點醬油的香
氣。如果火鍋料中有很多海鮮類或香氣強烈的蔬菜，或
是大量使用青菜類，那麼用薄口醬油取代一般醬油，比
較能品嘗到食材的原味。此外，薄口醬油也很適合南洋
料理、義式料理，堪稱萬能調味料。

常用佐料的保存方式

珠蔥或是切好的蔥花、薑絲、薑泥等，這類佐料能讓鍋物更美味。可
以事先多切一點，用保鮮膜一小包一小包
地包起來，放入保鮮盒中，再放進冰箱冷
凍。使用時無須解凍，直接放在鍋物上面
即可。

牛蒡和馬鈴薯用於提升美味

蘿蔔和白菜是鍋物的基本食材，但一吃再吃總會吃膩。這時建議改用
牛蒡或馬鈴薯，它們不但有甜味和香氣，而且只要一點點就能讓味道

有所變化。為縮短烹煮時間，可以切得薄一點再放進去。

分開使用白菜的不同部位

鍋物常用的白菜，葉尖、葉身味道不同，莖也一樣，莖根和莖身的味道不同，連菜芯也是，要能意識到它們的不同而分開使用。葉尖部分要像葉菜類一樣，於最後完成時才放，而接近莖根或菜芯的部分，要切得大一點，和蘿蔔一樣煮久一點。中間部分的葉子稍微撕大塊些，可以品嘗到適當的甜味及口感。

珠蔥可品嘗到 2 種滋味

珠蔥的話，要將葉尖部分和其餘部分分開使用。葉尖部分切細，當成佐料放入醬料中；鬚根切除乾淨；其餘部分切成 7～8cm 的長段以保留適當的口感，用法同青蔥和韭菜一樣。

葉菜類先用「插花」方式保存

菠菜、小松菜、青江菜等葉菜類是鍋物的經典蔬菜，別忘了多準備一些放入冰箱冷藏保存。不過，可不能買來就直接放進去。首先，去掉根部，像插花那樣浸在足夠的水分中。經過 15 分鐘葉子充分展開後，再切好放進夾鏈袋中。這樣不僅能讓葉子更耐放，口感和香氣也會不同。

利用秋葵或山藥讓湯汁濃稠

秋葵、山藥這類有黏性的食材，看似與鍋物搭不上關係，其實很好用。它們只要加熱就會釋出黏液，因此切小塊或切絲後放入，湯汁便會呈濃稠狀，味道也會更均勻，而且不容易變涼。

可以利用小番茄

番茄籽周圍那層膠質是美味成分氨基酸的寶庫。特別是小番茄，正因為小，含量比例高，甜味也更濃，不用於鍋物真的太可惜了。搭配醬油、味噌，不但顏色更美，也能有適度的酸味，讓整體更可口。

大蒜和生薑要「大大」使用

大蒜和生薑最適合為鍋物增加亮點。一般多將它們當佐料使用，切細後放入醬料中，但其實也能用於湯汁或高湯裡。大蒜是整顆放入鍋中，生薑則是切成厚片。它們能讓湯汁慢慢產生變化，吃著吃著就會有點出汗。久煮後，大蒜也能當成火鍋料入口喔。

火鍋料的基本肉類是「雞腿肉」和「豬五花」

火鍋料當中，雞腿肉和豬五花是不可或缺的兩大主角。它們能短時間煮出美味，不容易變硬，價格也相對穩定，大小和厚度也比較一致。最重要的是，大家都愛吃，接受度高。平時有空就先切成容易入口的大小，一份一份地保存起來，使用時就方便多了。

肉類的保存方法

雞腿肉和豬五花，3～4天內用完的話，可以冷藏保存。如果放入冷凍，就要薄薄平鋪開來地放入夾鏈袋中，才能快速冷凍、快速解凍，讓美味不流失。已經切成適口大小的肉，就要平鋪在保鮮膜上，去掉空氣後緊緊包住。以一人份100～150g來說，整理成約2張名片大小、1～2cm厚，解凍就容易了。這種方式能排除空氣，延緩氧化，也能以冷

凍狀態直接入鍋。但請注意，千萬不可連同買來時的白色保麗龍盤一
起放入冷凍喔。

豬肉宜「混搭」各種部位

豬五花很好吃，但肥肉部分令人擔心，可是少了肥肉就失去豬五花的
美味了，建議不妨來個豬肉薄片「混搭」。肩里肌有適度的脂肪，也
有咬勁，腿肉柔軟容易咀嚼。吃涮涮鍋或韓式泡菜鍋時，使用各種部
位「混搭」的豬肉火鍋片，應能吃出新美味。

雞肉建議使用雞翅

雞翅尖、雞翅身、雞翅根的皮和骨頭四周
富含膠質與美味成分，全都是美味的寶庫。
此外，價格也便宜，可煮成湯底，而且久
煮不會緊縮變硬，因此成為「好用的火鍋
料」。

絞肉要稍微「謹慎」使用

絞肉是一些零碎肉片混合而成的，它們接觸空氣的面積比例大，因而
脂肪較快氧化，水分容易釋出。若要當成火鍋料，就得及早用完。用
不完的話，要和腿肉、五花肉一樣用保鮮膜封住放入冰箱冷凍。100g
的絞肉宜攤成 2 張名片大小，用保鮮膜包起來。
由於厚度薄，可不必解凍直接入鍋，當成湯底。

海鮮類以鹽漬鱈魚、鹽漬鮭魚為主

嚴寒時節盛產的海鮮非常好吃，很適合入鍋。不過，基於價格和保存方法的考量，或許一般人覺得不適合用於小鍋。那麼，什麼海鮮最適合小鍋呢？就是使用方便的鹽漬鱈魚和鹽漬鮭魚了，鹽分能讓蛋白質變質，使湯頭更濃郁鮮美，還能省去調味的工夫，味道清楚明確，煮久也不會變柴。不過，甘口的會比辛口的好用，只要用酒或水稍微洗一下，鹽分就會剛剛好。

小鍋的準備工作

早上起來準備食材，會讓下班回家後更有效率，但有一點須特別注意。蔬菜可以直接放入鍋中，但肉和魚要先用保鮮膜包起來，再放於蔬菜上面。湯汁也一樣，雖然很想直接倒進去，但這樣會讓火鍋料釋出過多水分，不但損及美味，也會導致細菌繁殖，有衛生上的疑慮，所以最好先用罐子裝起來。確實做好這點，就能享受安全又美味的小鍋生活了。

第 2 章

適合在家小酌！
下酒鍋

小鍋劇場❷「約會的邀請」

＊譯註：勝海舟，日本幕末開明政治家，江戶幕府海軍負責人，據說很愛吃火鍋。

本章介紹10道適合「在家小酌」的小鍋食譜。小鍋的特色是火鍋料少，正因為如此，每一種鍋的味道皆不同，可以分別搭配燒酎、日本酒、啤酒、葡萄酒等享用。此外，只要放在爐子上加熱就能持續保溫，所以也很適合邊看書邊慢慢吃。酒喝完了，最後還能放入白飯或烏龍麵來填飽肚子，堪稱「萬能食譜」。

豆腐絞肉酸辣湯鍋

380 kcal

用濃稠的中式湯品搭配紹興酒

【火鍋料】

豬絞肉…80g

韭菜（切成 2cm 長）…50g

豆腐（切成 3 等分）…150g

太白粉水…太白粉（1 大匙）＋水（2 大匙）

豆瓣醬… ½ 小匙

【湯汁】

昆布（5cm 正方形）…1 片　　蠔油…1 大匙

鹽… ½ 小匙　　　　　　　　水…2 杯

【完成】

蛋（稍微打散）…1 個　　胡椒… ¼ 小匙

醋…1 ～ 2 大匙　　　　　辣油…適量

◉ 作法

❶ 鍋中放入絞肉及豆瓣醬，撥散開來，以中火加熱，油脂釋出後炒 1 分鐘。

❷ 加入混合好的【湯汁】，煮沸後撈去浮沫，放入豆腐、韭菜，用太白粉水勾芡。

❸ 煮 1 ～ 2 分鐘，放入【完成】的蛋汁，用筷子畫圈攪勻。撒上醋、胡椒、辣油即可。

炒絞肉時不必放油，利用絞肉本身的油脂來炒會比較好吃。將蛋汁加入勾芡的湯汁後，要快速攪拌，讓蛋汁分布均勻。

豆腐魩仔魚海苔鍋

440 kcal

用「海水的香氣」讓燒酌更美味

【火鍋料】
豆腐（切成 4 等分）…300g
青蔥（切末）… ½ 根（50g）
麻油…1 大匙
魩仔魚乾…30g
海苔（撕碎）…整張 2 張

【湯汁】
鹽… ½ 小匙
水…2 杯

【完成】
胡椒…適量
青蔥的蔥綠部分（切末）…適量
麻油…1 小匙

◉ 作法

❶ 鍋中放入麻油，以中火加熱，放入青蔥炒 1 分鐘，再放入魩仔魚乾拌炒一下。
❷ 加入【湯汁】，煮沸後撈去浮沫，放入豆腐。
❸ 放入海苔，以小火煮至溶化，依序放入【完成】。

將吃完豆腐的濃稠海苔湯汁澆在白飯上，非常好吃。放上山葵就變成茶泡飯了。

醃漬金針菇豆腐鍋

270 kcal

甜甜鹹鹹的醃漬金針菇和日本酒超搭

【火鍋料】
豆腐（不切開）…300g
青蔥（切蔥花）… ½ 根（50g）

【湯汁】
醬油…2 小匙～ 1 大匙
醃漬金針菇…80 ～ 100g
水…1 杯

【完成】
七味粉…適量
芥末…適量

◉ 作法
❶ 鍋中放入【湯汁】，以中火加熱。
❷ 煮沸後，放入豆腐和青蔥，蓋上鍋蓋，以小火續煮 3 ～ 4 分鐘。
❸ 放上【完成】，將豆腐弄碎浸在湯汁中，再舀起來享用。

建議使用嫩豆腐。訣竅是以小火慢慢加熱。醃漬金針菇的用量可依個人喜好增減。

牛蒡牛肉柳川鍋

530 kcal

啤酒掛愛死了的甜辣風味

【火鍋料】

肩里肌等牛肉薄片（太大片就撕成兩半，沾滿 1 小匙醬油）…80g

牛蒡（洗淨後刨成帶狀→ p108）…40g

青蔥（斜切成 5mm 寬）… ½ 根（50g）

【湯汁】

醬油…2 大匙

味醂…3 大匙

水…1 杯

【完成】

蛋（稍微打散）…2 個

七味粉或花椒粉…適量

◉ 作法

❶ 土鍋或小平底鍋中放入【湯汁】，以中火煮沸 1 ～ 2 分鐘。

❷ 依序放入青蔥、牛蒡、牛肉，續煮 1 ～ 2 分鐘。

❸ 將【完成】的蛋汁由中央往外以畫圈方式均勻地加入鍋中，以中火煮 20 ～ 30 秒。依個人喜好撒上七味粉、花椒粉。

先讓牛肉沾滿醬油（分量外），可以讓湯汁和火鍋料的味道在短時間內滲入牛肉中。

蘑菇豆腐香蒜鍋

西班牙酒吧經典料理的家庭款

【火鍋料】

板豆腐（切成 8 等分，放在廚房紙巾上 10 分鐘瀝乾水分）⋯300g

新鮮蘑菇（去掉根部）⋯4 朵

大蒜（縱向對切，去芯，再切成 3mm 寬的薄片）⋯2 瓣

橄欖油⋯6 大匙

【湯汁】

鹽⋯ ⅔ 小匙

紅辣椒（去籽，對半撕開→ p106）⋯1 根

咖哩粉⋯1 小匙

● 作法

❶ 鑄鐵鍋或小平底鍋中放入橄欖油和大蒜，以中火加熱至飄出香氣。

❷ 放入豆腐和蘑菇，兩面各以中火煎 2 分鐘。

❸ 將【湯汁】的每一樣材料都均勻地撒入鍋中，以中火加熱 5 ～ 6 分鐘。
過程中邊淋橄欖油邊煮。

為了讓豆腐吸收油的美味，要先充分瀝乾水分。吃完豆腐和蘑菇後，剩下的油汁用來塗麵包也很棒。

油漬沙丁魚檸檬鍋

嘴裡滿滿的濃厚油脂，和白酒最合拍

【火鍋料】
沙丁魚罐頭…1 罐（105g）
洋蔥（切薄片）…100g
大蒜（切 4 等分）…1 瓣

【湯汁】
橄欖油…2 大匙
醬油…2 小匙

【完成】
檸檬（切成半月形的薄片）…3 ～ 4 片

◉ 作法
❶ 鑄鐵鍋或小平底鍋中放入洋蔥和大蒜，撥散開來，再將沙丁魚連同罐
　汁一起放入。
❷ 將【湯汁】均勻地淋在上面，以中火加熱。
❸ 煮沸後，放入【完成】，快速煮一下即可。

油漬沙丁魚以大塊且肉厚、味道濃郁的「KING OSCAR」出品的最好。

豬肉青蔥肉湯鍋

690 kcal

關西攤販風味，讓人想喝威士忌調酒

【火鍋料】

豬五花薄片（切成 6 ～ 7cm 長）…150g

青蔥（縱向對切，再斜切成薄片→ p106）…1 根（100g）

香菇（切薄片）…4 片

【湯汁】

昆布（5cm 正方形）…1 片

味醂…2 大匙

薄口醬油…2 大匙

黑胡椒粒（用湯匙稍微壓碎→ p110）…5 粒

水…1½ 杯

【完成】

酸橘…適量

胡椒…適量

◉ 作法

❶ 將豬肉放入調理碗中，再放入熱水至淹沒肉片為止，放置 1 分鐘後取出。

❷ 鍋中放入【湯汁】，以中火加熱，煮沸後放入豬肉、青蔥、香菇。

❸ 以小火煮 5 分鐘，再依個人喜好添加【完成】享用。

豬五花先泡在熱水中，去除多餘的油脂後再入鍋，湯汁會比較清爽，而且能吃到豬肉的柔嫩及濃郁的美味。

納豆韓式小鍋

490
kcal

用重口味的味噌鍋搭配啤酒

【火鍋料】

碎納豆（拌入 1 小匙豆瓣醬和 1 大匙醬油）…45g

金針菇（去除根部後分成小朵）…100g

韭菜（切成 1cm 長）…50g

綜合絞肉…100g

麻油…1 大匙

【湯汁】

味噌…2 大匙

砂糖…1 小匙

水…2 杯

◉ 作法

❶ 鍋中放入麻油，以中火加熱，快速炒一下綜合絞肉，再放入混合好的【湯汁】。

❷ 煮沸後撈去浮沫，放入金針菇、納豆，邊攪散邊煮。

❸ 最後放入韭菜，煮 1～2 分鐘至全部煮軟即可。

先拌炒綜合絞肉做為湯底，讓牛肉和豬肉的美味釋放出來，做出最道地的好滋味。

豆皮昆布絲鍋

昆布絲的香氣和溫熱的酒最搭了

【火鍋料】
油豆皮（用溫水搓洗後去除水分，切成 6 等分）⋯2 片
金針菇（去除根部後分成小朵）⋯100g
水菜（切成 6cm 長）⋯50g

【湯汁】
薄口醬油⋯2 大匙
味醂⋯2 大匙
水⋯2 杯

【完成】
昆布絲⋯10g

◉ 作法
❶ 鍋中放入【湯汁】，以中火加熱，煮沸 1 ～ 2 分鐘。
❷ 放入油豆皮，以小火煮 5 分鐘。
❸ 放入金針菇和水菜，再放入【完成】煮一下即可。

先煮油豆皮，讓它入味，再讓金針菇和昆布絲的黏液慢慢裹上油豆皮，這樣的煮法很健康，滋味卻很濃郁。

鹽雞胡椒鍋

510 kcal

黑胡椒風味讓啤酒停不下來

【火鍋料】

雞腿肉（去除多餘脂肪，切成 2cm 寬→ p109）…200g ～ 250g

鹽… ⅔ 小匙

白菜（根部切成 2×6cm，葉子切成 4×6cm）…200g

【湯汁】

味醂…1 大匙

橄欖油…1 大匙

黑胡椒粒（用湯匙稍微壓碎→ p110）…20 顆

水…2 杯

◉ 作法

❶ 鍋中放入雞腿肉，撒上鹽，充分揉勻。

❷ 加入【湯汁】，以中火加熱，煮沸後撈去浮沫，再以小火續煮 5 ～ 6
分鐘。

❸ 放入白菜的根部，以小火煮 2 分鐘後，再放入葉子煮一下即可。

雞腿肉上的黃色脂肪是腥臭味來源，因此要去掉。先用鹽搓勻後再煮，湯
頭就會富含雞肉的美味。

蘿蔔泥山葵美乃滋

也可放在煎好的肉上面一起享用

【材料】
蘿蔔…150g
美乃滋…2大匙
山葵…1小匙
醬油…1小匙
蘿蔔嬰…適量

◉ 作法
❶ 蘿蔔洗淨，連皮一起磨成泥，再用濾網濾掉水分。
❷ 將美乃滋、山葵放入作法1中，稍微拌一下。用醬油調味後，再放上
　蘿蔔嬰。

碎豆腐涼拌海帶芽

吸收豆腐的水分後，乾海帶芽吃起來飽滿有彈性

【材料】
板豆腐…150g
鹽… ¼ 小匙
乾海帶芽…1 小匙
麻油…1 小匙
芥末… ½ 小匙

◉ 作法
❶ 豆腐放入調理碗中，弄碎。
❷ 將鹽、海帶芽、麻油、芥末放入作法 1 中，混拌至海帶芽稍微變軟為止。

蘿蔔甘醋漬

和日本酒及燒酎最搭

【材料】
蘿蔔（切成 1.5×1.5×4cm 的長條狀→ p107）…150g
鹽…1 小匙
砂糖…1 大匙
醋…1 大匙
水菜…適量

● 作法
❶ 將鹽和砂糖撒在蘿蔔上面，拌勻，靜置 10 分鐘使之軟化。
❷ 擰乾作法 1 的水分，拌上醋，去掉汁液，盛盤。放上水菜。

白菜拌大蒜醬油

將白菜芯做成絕品下酒菜

【材料】

白菜芯（或高麗菜芯）…100g
大蒜（磨泥）… ⅙ 瓣
醬油… ½ 大匙
砂糖…1 小撮
麻油… ½ 小匙

◉ 作法

❶ 將白菜或高麗菜撕成 5cm 的正方形。
❷ 將作法 1 放入料理碗中，依序放入調味料，用手搓勻即可。

青蔥泡菜蛋

用麻油緩和泡菜的辛辣

【材料】
青蔥…⅕ 根（25g）
韓式泡菜…30g
溫泉蛋…1 個
麻油…少許
醬油…少許

◉ 作法
❶ 青蔥縱向對切後，再斜切成薄片（→ p106）。
❷ 將青蔥、泡菜、麻油、醬油混拌後盛盤，再放上溫泉蛋。

涼拌蔥豆腐

用絕品佐料讓普通豆腐吃出新滋味

【材料】
豆腐…150g

【佐料】
麻油… ½ 大匙　　　　生薑（切末）…7.5g
鹽… ¼ 小匙　　　　　青蔥（切末）… ⅓ 根（30g）
胡椒…少許

◉ 作法
❶ 將【佐料】混合好，靜置 5 分鐘讓味道均勻。
❷ 將作法 1 放在切成 3 等分的豆腐上。

梅子山葵蔬菜棒

與任何蔬菜都搭的辣醬

【材料】
喜歡的蔬菜（蘿蔔、胡蘿蔔等）…適量
梅乾…1 個（10g）
山葵…1 小匙
美乃滋…2 大匙
水菜…適量

● 作法
❶ 梅乾去籽後拍碎，再拌入山葵、美乃滋。
❷ 放上切成適口大小的蔬菜、水菜。

橙醋涼拌金針菇

生金針菇的口感咔茲咔茲，好鮮美

【材料】
金針菇…50g
水菜（切成 5 ～ 6cm 長）…15g

【醬汁】
醋…1 大匙　　　砂糖… ½ 大匙
醬油…1 大匙　　味醂… ½ 大匙

◉ 作法
❶ 金針菇去除根部，長度對切後撥散開來。
❷ 用【醬汁】充分拌勻，使之入味，再拌入水菜即可。

番茄涼拌生薑油

品嘗番茄籽與生薑的清爽美味

【材料】
番茄… ½ 個

【佐料】
生薑（切末）…4g
薄口醬油…1 小匙
橄欖油…1 小匙

◉ **作法**
❶ 番茄切成 1cm 的圓片。
❷ 將【佐料】依序放入作法 1 中。

第 3 章

花點工夫！
美味鍋

〈2～3 人份〉

小鍋劇場❸「夫妻感情」

本章介紹11道要花點工夫烹煮的超美味鍋物（2～3人份）。平日非常忙碌，建議晚餐就以簡單的鍋物輪流吃，但假日何不花點工夫，煮出家人、夫妻、情侶都能大快朵頤的火鍋呢？雖說要花點工夫，其實都是很簡單的鍋料理。即便是平時不太下廚的男性朋友，也能照著食譜享受極品美味喔！

雞肉丸相撲火鍋

讓人心情舒緩的「日本經典好滋味」

2 人份

【火鍋料】

雞肉丸（→作法請見 p102）

蘿蔔（去皮後切成 5mm 厚的扇形）…200g

鴻喜菇（去除根部後分成小朵）…100g

金針菇（去除根部後分成小朵）…100g

【湯汁】

昆布（5cm 正方形）…1 片

醬油…4 大匙

酒…4 大匙

柴魚片（用廚房紙巾包起來→ p105）…3 ～ 5g

味醂…4 大匙

水…4 杯

【完成】

白芝麻粉…2 大匙

蔥花…適量

◉ 作法

❶ 鍋中放入【湯汁】和蘿蔔、菇類，以中火煮沸後，轉小火續煮 5 分鐘。

❷ 將雞肉丸用湯匙弄圓後放入作法 1 中，以小火煮 10 ～ 15 分鐘。

❸ 過程中將雞肉丸上下翻轉一次。撈去浮沫，用筷子夾出柴魚包，撒上
　【完成】即可。

訣竅在於放入雞肉丸後，以小火輕輕煮，這樣丸子就不會太硬，會有鬆軟
的口感。

芝麻豆漿豬肉涮涮鍋

「濃郁湯汁」與「清爽沾醬」的雙重美味

2 人份

【火鍋料】

里肌肉、肩里肌等豬肉薄片…200 ～ 250g

白菜（根部切成 3cm 寬，葉子切成 6cm 正方形）…600g

杏鮑菇（縱向切成 6 等分）…2 根（100g）

【湯汁】

味噌…4 大匙　　　　豆漿…2 杯

白芝麻粉…4 大匙　　水…2 杯

【醬料】

柚子胡椒…1 小匙　　水…2 大匙

薄口醬油…1 大匙　　醋…1 大匙

麻油… ½ 小匙

◉ **作法**

❶ 鍋中放入【湯汁】中的味噌和白芝麻粉，充分拌勻。

❷ 將豆漿和水混合好，一點一點放入作法 1 中，攪拌均勻成【湯汁】。

❸ 以中火將作法 2 煮沸，放入杏鮑菇，有點熟後，放入肉和白菜，再依個人喜好的熟度享用。可以直接吃，也可以沾【醬料】吃。

濃郁的芝麻豆漿湯就夠好吃了，但沾上清爽的醬料，就能品嘗到雙重美味。

豬肉白菜檸檬鍋

檸檬提升了料理的層次！令人吃驚

2 人份

【火鍋料】

豬五花薄片（切成 6 ～ 7cm 長）…200 ～ 250g

白菜（切成 5mm 寬，切斷纖維，將葉子和根部分開）…600g

香菇（切薄片）…4 朵

檸檬（切成半月狀薄片）… ½ 個（40g）

【湯汁】

昆布（5cm 正方形）…2 片　　薄口醬油… ¼ 杯

味醂… ¼ 杯　　　　　　　　　水…4 杯

【完成】

粗粒黑胡椒…適量

檸檬汁… ½ 個份

● **作法**

❶ 檸檬以分量外的鹽搓揉表皮，再沖洗乾淨，一半擠汁，一半切成半月狀的薄片。

❷ 鍋中放入【湯汁】，以中火煮沸，再放入肉、白菜根部、檸檬薄片、香菇。

❸ 待豬肉變色後，放入白菜葉子煮一下，煮軟即可享用。可依個人喜好撒上【完成】。

放入白肉魚、花枝、扇貝等和檸檬超搭的海鮮也很好吃，此時，在【完成】中放入 1 ～ 2 大匙的橄欖油更棒。

豬肉牛肉番茄壽喜鍋

讓絕品肉汁在口中爆開

[2 人份]

【火鍋料】

豬肩里肌肉薄片…150g

大腿肉、肩里肌等牛肉火鍋片…150g

洋蔥（縱向對切，再切成 1cm 寬，切斷纖維→ p108）…1 個（200g）

牛蒡（用水洗淨，以湯匙刮掉污漬，再刨成帶狀→ p108）…100g

小番茄（去蒂）…150g

麻油…1 大匙

【湯汁】

昆布（5cm 正方形）…2 片　　水… ⅓ 杯

砂糖…1 大匙　　　　　　　　味醂… ½ 杯

醬油… ⅓ 杯

【醬料】

蛋…2 個　　　山藥（去皮後磨成泥，再和蛋混合）…100g

七味粉…適量

◉ **作法**

❶ 平底鍋中放入麻油，以中火加熱，再放入洋蔥和豬肉，撥散開來，快速煎一下。

❷ 待豬肉開始變色後，將豬肉挪到旁邊，依序放入牛肉、牛蒡、番茄，再放入【湯汁】使之入味。

❸ 全部入味後，即可沾【醬料】享用。可依個人喜好撒上七味粉。

蛋是基本佐料，再拌入山藥泥，就能一直品嘗到蛋的滑潤與山藥綿綿沙沙的口感了。

烏龍茶豬肉涮涮鍋

kcal

滿屋皆「茶香」的藥膳鍋

2 人份

【火鍋料】

五花肉、大腿肉等豬肉火鍋片…250g

蘿蔔（去皮後切成薄圓片狀）…250 ～ 300g

胡蘿蔔（去皮後切成薄圓片狀）…80g

菠菜（去掉根部後，長度對切）…100g

餛飩皮…適量

【湯汁】

鹽… ½ 小匙　　　　烏龍茶（罐裝或保特瓶裝）…4 ～ 5 杯

生薑（切絲）…22g

【醬料】

豆瓣醬… ¼ ～ ½ 小匙　　　青蔥（切末）… ½ 根（50g）

醬油…3 大匙　　　　　　　醋…4 大匙

鹽… ½ 小匙　　　　　　　　麻油…2 大匙

櫻花蝦（稍微切碎）…2 大匙（6g）　胡椒…撒 10 下

◉ **作法**

❶ 鍋中放入【湯汁】，以中火煮沸，先放入蘿蔔和胡蘿蔔。

❷ 一次放 1 片肉、1 張餛飩皮以及菠菜，煮熟就拿起來。

❸ 沾【醬料】享用。

比餃子皮更薄的餛飩皮很適合涮涮鍋。將蘿蔔和胡蘿蔔切成薄片後就更容易熟了。

韓式壽喜燒

令人狂歡的「手卷鍋」

2 人份

【火鍋料】

大腿肉、肩里肌等牛肉薄片（切成長 5cm）…200g

胡蘿蔔（切粗絲）…80g

韭菜（切成 6cm 長）…100g

豆芽菜…200g

洋蔥（切成 5mm 寬的薄片）…100g

麻油…適量

【醬料】

砂糖…2 大匙	生薑（磨泥）…7.5g	太白粉…1 小匙
味噌…3 大匙	豆瓣醬…2 小匙	醬油…1 大匙
大蒜（磨泥）…1 瓣	白芝麻粉…1 大匙	麻油…1 大匙

【完成】

萵苣或生菜…適量

飯…適量

韓式海苔…適量

◉ 作法

❶ 將【醬料】放入調理碗中混合，再放入牛肉，拌勻。

❷ 平底鍋中薄塗一層麻油，中央放入作法 1，周圍呈放射狀放入蔬菜。

❸ 蓋上鍋蓋，以大火加熱至沸騰後，
繼續蒸煮 3～4 分鐘。

❹ 拿開鍋蓋，將肉撥散，繼續以大
火炒 2 分鐘，讓水分揮發。

❺ 用萵苣或生菜包飯，再放上韓式
海苔和作法 4，即可享用。

韓式雞腿肉鍋

很簡單，滋味卻超濃郁的美味鍋

[2 人份]

【火鍋料】
雞腿肉（去除多餘脂肪，切成 12 等分→ p109）…400g
馬鈴薯（去皮後切成 4 等分，泡水）…300g
青蔥（斜切成 5mm 寬）…2 根（200g）
大蒜（切薄片）…2 瓣

【湯汁】
酒… ½ 杯
鹽…2 小匙
砂糖…1 大匙
水…3 ～ 4 杯

【醬料】
蠔油…1 大匙　　醬油…1 大匙
醋…1 大匙　　　一味粉… ½ 小匙
麻油…1 大匙

◉ 作法
❶ 鍋中放入【湯汁】和馬鈴薯、大蒜、雞腿肉，以中火加熱。
❷ 煮沸後撈去浮沫，以小火煮 10 分鐘，放入青蔥，再煮 10 分鐘。
❸ 沾【醬料】享用。

也可用番薯取代馬鈴薯，享受顏色鮮艷且味道甘甜的辣味。

韓式純豆腐鍋

辛辣又濃郁，超下飯！

2 人份

【火鍋料】

嫩豆腐（切成 3 ～ 4 等分）…300g

冷凍綜合海鮮…100g

豬五花薄片（切成 5cm 寬）…100g　　綜合絞肉…100g

韭菜（切成 5cm 長）…50g　　　　　韓式泡菜…50g

【湯汁】

昆布（5cm 正方形）…2 片

鹽…1 小匙

水…2½ 杯

【醬料…韓式辣醬→作法請見 p104】

生薑（磨泥）…15g　　　　麻油…2 大匙

大蒜（磨泥）…2 瓣　　　　砂糖…1 大匙

韓國辣椒…1 大匙（8g）＊使用一味粉的話是 1 小匙

【完成】

蛋…2 個

◉ 作法

❶ 鍋中放入綜合絞肉和【湯汁】，以中火加熱，煮沸後撈去浮沫，轉小火續煮 5 分鐘。

❷ 放入【醬料（韓式辣醬）】，再放入豬肉、綜合海鮮、韓式泡菜、韭菜、豆腐，以中火煮 2 ～ 3 分鐘。

❸ 將蛋打入，煮至個人喜好的熟度即可。

南洋風炊飯

配菜好豐盛，而且充分吸收了鹽漬鱈魚的美味

2~3 人份

【火鍋料】

米（洗好後用濾網撈起 30 分鐘，瀝乾）…2 合（360ml）

鹽漬鱈魚…2 片（200g）

青蔥（縱向對切，再斜切成薄片→ p106）… ½ 根（50g）

山芹菜（切成 2cm 寬）…40g

水芹（切成 2cm 寬）…30g

【湯汁】

鹽… ½ 小匙

紅辣椒（去籽，對半撕開→ p106）…1 根　　薄口醬油…1 大匙

生薑（切薄片）…7.5g　　　　　　　　　　水…2 杯

【完成】

麻油…適量

檸檬（切成月牙狀）…適量

炒白芝麻…適量

● 作法

① 鍋中放入米，上面放魚，再將【湯汁】均勻
地淋上。

② 蓋上鍋蓋，以中火加熱，煮沸後轉小火，炊
煮 15 分鐘，熄火。

③ 取出鱈魚，弄碎後拿掉魚骨再放回去，續蒸 10 分鐘。放上蔬菜，拌勻，
依個人喜好添加【完成】享用。

用山芹菜、水芹等辛香風味的蔬菜為料理畫龍點睛。

肉燥擔擔鍋

征服擔擔麵控的濃郁中華鍋

【2 人份】

【火鍋料】

肉燥…作法請見 p103

高麗菜（切成 4cm 正方形）…4 片（200g）

鴻喜菇（去掉根部後分成小朵）…100g

韭菜（切成 7 ～ 8cm 長）…100g

【湯汁】

白芝麻醬… ½ 杯（100g）

蠔油…2 大匙

鹽… ½ 小匙

辣油…1 小匙

水…3 杯

◉ **作法**

❶ 鍋中放入【湯汁】中的白芝麻醬、蠔油、鹽、辣油，拌勻。

❷ 慢慢將水倒入作法 1 中，稀釋成【湯汁】，然後邊攪拌邊煮。

❸ 煮沸後，放入蔬菜、菇類，再放上肉燥，蓋上鍋蓋，煮熟後即可享用。

喜歡吃辣的人，最後可依個人喜好加上辣油。

蘿蔔韓式蔘雞湯

400 kcal

吸飽濃郁雞湯的粥和蘿蔔，絕品！

2 人份

【火鍋料】
帶骨雞肉塊或是雞翅（→雞翅的處理方法請見 p109）…400 ～ 450g
鹽…1 小匙
蘿蔔（去皮後，切成一口大小的滾刀塊）…300g
米（洗好後用濾網撈起）…4 大匙

【湯汁】
紅辣椒（去籽）…1 根
大蒜（對半切開）…1 瓣
生薑（切薄片）…15g
水…3½ 杯

【完成】
山芹菜…適量　　　花生米果（柿種）*…適量
榨菜…適量　　　　麻油…適量

● 作法
❶ 鍋中放入雞肉，用鹽揉勻。
❷ 再放入【湯汁】和米，以中火加熱，煮沸後，放入蘿蔔，稍微攪拌一下。
❸ 蓋上鍋蓋，以小火煮 30 ～ 40 分鐘，過程中須不時攪拌。盛入容器，
　　再依個人喜好放上【完成】即可。

可用牛蒡、蓮藕、胡蘿蔔等根菜類代替蘿蔔。最後加上柿種，口感更有趣。
＊譯註：一種米果類零食。

雞肉丸的作法

【材料】

雞絞肉…300g
蛋…1 個
鹽… ½ 小匙
麵粉…3 大匙
生薑（切末）…7.5g

◉ 作法

❶ 將材料放入料理碗中。

❷ 用手指攪拌到出現黏性為止（碰
　到手心會出油，因此請用手指就
　好）。

❸ 用兩根湯匙將絞肉整理成圓球狀。

【重點】

用湯匙整理成球狀後直接入鍋就不會弄髒手，煮出來的雞肉丸也比較柔
嫩鬆軟。

肉燥的作法

【材料】

豬絞肉…150g　　　　　生薑（切末）…7.5g
味噌…2 大匙　　　　　大蒜（切末）…1 瓣
砂糖…2 小匙　　　　　青蔥（切末）… ½ 根（50g）
麻油… ½ 大匙

◉ 作法

❶ 小平底鍋（直徑 20cm）中放入麻油，
以中火加熱，放入絞肉，撥散開來煎 1
分鐘，再炒 1 分鐘。用折起來的廚房紙
巾將釋出的油脂吸乾淨。

❷ 放入生薑、大蒜、長蔥，續炒 1 ～ 2
分鐘。

❸ 在中央撥出一個洞，放入味噌和砂糖，
攪拌至稍微融化。

❹ 全部拌炒均勻即可。

【重點】

將絞肉釋出的油脂吸乾淨，保存起來較不會發臭，冷凍也能保持乾鬆，
可以不解凍就直接下鍋。

韓式辣醬的作法（韓式純豆腐鍋的調味料）

【材料】

生薑（磨泥）…15g
大蒜（磨泥）…2 瓣
韓式辣椒粉…1 大匙（8g）→使用一味粉的話是 1 小匙
麻油…2 大匙
砂糖…1 大匙

◉ 作法

❶ 小平底鍋（直徑 20cm）中放入
材料，混拌，以中火加熱。

❷ 邊拍打邊炒開來。

❸ 約炒 3 ～ 4 分鐘，直到軟化並散
出香氣即可。

【重點】

由於辣椒和油都很多，可以冷藏保存。請在三週內用完。

用廚房紙巾包柴魚片的方法

要熬一人份的高湯很麻煩。這裡介紹簡單就能熬出鮮美風味高湯的「祕技」。

❶ 柴魚片放在廚房紙巾中央,將下側一角往上摺起。

❷ 再將左右兩角朝中央摺進來,最後上側的角往下摺。

❸ 將上側的角摺進下側形成的袋子裡。

❹ 確實摺進去即可。摺好後放入鍋中,輕輕攪動,注意不要讓廚房紙巾打開。

紅辣椒去籽的方法

❶ 用廚房剪刀剪去紅辣椒頭。

❷ 用竹籤剔除紅辣椒的種籽。

縱向對切,再斜切成薄片的方法

❶ 將青蔥縱向對切。

❷ 切出的斷面朝下,然後斜切成薄
　片。

切成長條狀的方法

❶ 蘿蔔去皮後，全部切成約 1cm 寬。

❷ 將作法 1 再切成約 1cm 寬。

切成半月狀的方法

❶ 圓筒形的食材去皮後，朝圓形那面縱向對切。

❷ 切出的斷面朝下，再切成薄片即可。

切成月牙狀的方法（以「將 ½ 個洋蔥切成 6 等分」為例）

❶ 洋蔥對半切開。

❷ 切面朝下，將對半切開的洋蔥各切成 3 等分。

切斷洋蔥纖維的方法

❶ 洋蔥對半切開，方向轉 90 度，和纖維呈直角，下刀。

用刨刀刨成帶狀的方法

❶ 將 20 ～ 30cm 左右的食材，從上往下，用刨刀刨出相同的寬度。

用刨刀刨成竹葉狀的方法

❶ 將牛蒡之類的食材，用刨刀刨出 5 ～ 6cm 長。

雞翅的處理方法

❶ 將廚房剪刀放在關節的地方，用剪刀 找出容易下刀處，剪掉翅尖。

❷ 皮面朝下，沿著骨頭剪出切痕。這樣 比較快煮熟，而且方便食用，也容易 入味。

去除雞肉多餘脂肪的方法

❶ 盡可能去除藏在皮下的黃色脂肪。這 樣煮好後比較不會有腥味，味道清爽， 接近「專業雞肉料理店」的好滋味。

米飯、絞肉的冷凍保存方法

❶ 將 1 人份（80 ～ 100g）溫熱的飯放在保鮮膜上，薄薄鋪成 10cm 左右的正方形（2 張名片鋪開的大小）。

❷ 將保鮮膜上下左右摺進來，並將空氣排出。

❸ 放入夾鏈袋中，再放入冰箱冷凍。可以不解凍直接放進湯裡。絞肉的包裝方法和使用方法也一樣。

黑胡椒粒的壓碎方法

❶ 用廚房紙巾將黑胡椒粒包起來，再用湯匙的背面從上面壓下去，壓碎。

第 4 章

消除疲勞！
健康藥膳鍋

小鍋劇場 ④「能幹大丈夫」

累斃的男人都有個共通點

吃太多強身補品…

啊…

喝太多

能量飲料

咕嚕咕嚕

全部無效！

能幹大丈夫都是默默吃

藥膳鍋

滿滿生薑大蒜，活力爆表！

明天的訂單手到擒來！！

本章介紹 10 道藥膳鍋食譜，最適合「最近身體不太好……」、「好累啊……」、「皮膚怎麼粗粗了？」的時候享用。鍋物本來就是營養均衡且不油膩的健康料理，嘗試這些食譜後，一定會更有感。市面上雖有很多強身補品及能量飲料，但何不嘗試煮個小鍋，以食材本身的美味來養生呢？

中華風味大蒜壽喜燒

用充滿肉汁的湯頭煮出來的大蒜一級棒

增強精力

【火鍋料】

豬五花薄片（太長就對半切開）…100 ～ 150g

豆腐（切成 3 等分）…150g

青江菜（長度對半切，根部再縱向切成 4 ～ 6 等分）…150g

香菇（去掉根部）…4 朵

麻油… ½ 大匙

【湯汁】

砂糖…1 大匙 　　　　　酒… ¼ 杯

蠔油…2 大匙 　　　　　水… ¼ 杯

醬油…1 大匙 　　　　　大蒜（切成 2 ～ 4 等分）… 2 瓣

【醬料】

蛋…2 個

● 作法

❶ 鍋中放入麻油，以中火加熱，油稍微熱後，放入豬肉，撥散。

❷ 待豬肉變色後，挪到旁邊，加入【湯汁】和豆腐，煮沸。

❸ 放入青江菜和香菇，煮 5 ～ 6 分鐘，沾【醬料】享用。

大蒜中的「二烯丙基硫醚」（diallyl sulfide）能夠幫助我們吸收豬肉的維生素 B1，而維生素 B1 具有恢復精力的效果。因此，喜歡大蒜的人可以多放一點。

豬絞肉菠菜印度咖哩鍋

450 kcal

改善眼睛疲勞

【火鍋料】

菠菜或小松菜（去掉根部，將長度切成 3～4 等分）…150g

洋蔥（切斷纖維地切成薄片→ p108）…50g

鹽… ½ 小匙

豬絞肉…100g

【湯汁】

番茄醬…2 大匙　　　麵粉…2 小匙

蠔油… ½ 大匙　　　水…1 杯

咖哩粉…2 小匙

【完成】

生薑（切絲）…7.5g

奶油…10g

◉ 作法

❶ 鍋中放入菠菜，用洋蔥填滿空隙，撒上鹽，再於小縫間撒上絞肉。依序放入【湯汁】材料，最後倒水。

❷ 蓋上鍋蓋，以中火加熱，煮沸後轉成小火，續煮 10 分鐘。

❸ 放入【完成】，邊上下攪拌邊煮 3 分鐘。

菠菜、小松菜等青菜含有 β 胡蘿蔔素，能強健眼睛的黏膜，讓眼睛的微血管更暢通。對消除疲勞也很有效。

滿滿黑芝麻鍋

濃郁的湯汁讓黑芝麻的香氣更明顯

恢復體力

【火鍋料】

雞腿肉（去除多餘脂肪，切成 6 等分→ p109）…200 ～ 250g

洋蔥（切成 4 等分的月牙狀→ p108）… ½ 個（100g）

高麗菜（切成 4cm 的正方形）…4 片（200g）

韭菜（切成 5cm 長）…50g

【湯汁】

味噌…2 大匙　　　　　味醂…2 大匙

豆瓣醬… ½ 小匙　　　醬油…1 大匙

麻油…1 大匙　　　　　水…2 杯

【完成】

黑芝麻粉…3 ～ 4 大匙

◉ 作法

❶ 鍋中放入混合好的【湯汁】和雞肉，以中火加熱，煮沸後撈去浮沫，以小火續煮 5 ～ 6 分鐘。

❷ 放入洋蔥和高麗菜，以小火煮 4 ～ 5 分鐘。

❸ 放入韭菜和【完成】，稍微煮一下即可。

韭菜和黑芝麻中的維生素 E，可以抑制身體細胞氧化，有益恢復體力。

豬肉甜椒堅果起司鍋

濃稠起司和堅果口感絕對讓人上癮

消解壓力

【火鍋料】
豬五花薄片（切成 5cm 長，裹上 1 大匙麵粉）…100 ～ 150g
白菜（切成 5cm 寬）…250 ～ 300g
紅甜椒（切滾刀塊）… ½ 個（80g）
綠花椰菜…30g
綜合起司…50g

【湯汁】
鹽… ½ 小匙
水…1 杯

【完成】
綜合堅果（稍微搗碎）…20g
粗粒黑胡椒…適量

◉ 作法

❶ 鍋中放入白菜和甜椒，再把五花肉均勻地鋪在上面。

❷ 放入【湯汁】，蓋上鍋蓋，以中火加熱，煮沸後轉小火，續煮 10 分鐘。

❸ 將綠花椰菜和起司分散地放上去，再煮 4 ～ 5 分鐘。撒上【完成】，邊拌開來邊吃。

起司中的鈣可以抑制神經亢奮，甜椒和綠花椰菜可以補充維生素 C，達到消解壓力的效果。而堅果的維生素 B_2 有益於安定精神。

雞胸秋葵黏黏鍋

360 kcal

清爽美味的咖哩最下飯

增強精力

【火鍋料】

雞胸肉（去筋，斜切成 5 ～ 6 等分，撒上 1 大匙太白粉）…150g

大蒜（切成 5mm 正方形）…1 瓣

橄欖油…1 大匙

秋葵（切成小片）…8 根（70g）

金針菇（切成 2cm 長） 100g

【湯汁】

鹽… ⅔ 小匙

咖哩粉…1 小匙

水…2 杯

【完成】

海苔（撕碎）…1 整張

◉ 作法

❶ 鍋中放入橄欖油和大蒜，以中火加熱，待香氣散出來後，放入金針菇炒 1 分鐘。

❷ 加入【湯汁】，煮沸後放入秋葵和雞胸肉。

❸ 轉小火，續煮 2 ～ 3 分鐘，待雞胸肉煮熟後放入【完成】。

秋葵和金針菇煮熟後釋出的黏液，富含可增強精力的黏蛋白等食物纖維。雞胸肉裡的「含組氨酸的二肽」（Imidazole dipeptide）是氨基酸的一種，具有增強精力的功效。

義大利雜菜風味酸醋鍋

醋和大量蔬菜，讓人精神飽滿
消除疲勞

【火鍋料】

馬鈴薯（不去皮、不泡水，直接切成 1cm 寬的圓片）…150g

紅甜椒（切成 1cm 寬的條狀）… ½ 個（80g）

鹽… ½ 小匙

培根（切成 2～3 等分）…2 片（約 30g）

大蒜（縱向對切，再切成薄片）… ½ 瓣

洋蔥（切成 6 等分的月牙狀→ p108）… ½ 個（100g）

番茄（切成 6 等分的月牙狀→ p108）…1 個（200g）

【湯汁】

水…1½ 杯

【完成】

醋…2 小匙

奶油…10g

【醬料】

奶油起司（恢復常溫後充分攪拌）*…50g　　胡椒…比適量多一點

鹽… ¼ 小匙　　水…1 小匙

◉ 作法

❶ 鍋中放入馬鈴薯和甜椒，撒上鹽拌勻，依序放入洋蔥、大蒜、番茄、培根，再加入【湯汁】。

❷ 蓋上鍋蓋，以中火加熱，煮沸後轉小火，續煮 10 分鐘。

❸ 放入【完成】，再煮 5 分鐘，沾【醬料】享用。

*待起司變軟後，一點一點倒水進去，再放入其他調味料。

雞翅冬粉膠原蛋白鍋

豐富的膠原蛋白讓肌膚骨溜骨溜

美肌效果

【火鍋料】

雞翅…3 ～ 4 根（150 ～ 200g）

鹽… ½ 小匙

香菇（切薄片）…4 朵

胡蘿蔔（切粗絲）…80g

冬粉（乾）…30g

【湯汁】

昆布（5cm 正方形）…1 片　　　水…3½ 杯

生薑（切薄片）…7.5g

【醬料】

薄口醬油…1 大匙　　　　　白芝麻粉…1 大匙

醋…1 大匙

◉ 作法

❶ 雞翅洗淨後拭乾水分。用廚房剪刀剪掉翅尖，再沿著骨頭剪出切痕
（→ p109）。

❷ 鍋中放入作法 1，用鹽搓揉，然後加入【湯汁】和作法 1 剪下來的翅尖，
以中火加熱。煮沸後撈去浮沫，再以小火續煮 30 分鐘。

❸ 放入胡蘿蔔、香菇、冬粉，轉回中火，上下翻動，煮熟後沾【醬料】
享用。

為了方便食用，可先將翅尖部分去掉，但翅尖能讓高湯更美味，而且富含
膠原蛋白，因此最後也加入，總之，所有食材都要善加利用不浪費。

海帶芽豆腐豆漿鍋

配豆漿湯汁享用的濃郁湯豆腐

平衡荷爾蒙

【火鍋料】

板豆腐（不切開）…300g

乾海帶芽（泡水回軟）…1 大匙（3g）

油豆皮（用溫水搓洗，切成 6 等分）…1 塊

【湯汁】

昆布（5cm 正方形）…1 片

鹽… ½ 小匙

豆漿…1 杯

水…1 杯

【醬料】

醬油…2 大匙

醋…2 大匙

砂糖…2 小匙

花椒粉… ¼ 小匙

生薑（切絲）…7.5g

◉ 作法

❶ 鍋中放入豆腐和油豆皮，再加入【湯汁】，以中火加熱。

❷ 煮沸後轉成小火，續煮 3 分鐘。

❸ 放入海帶芽。煮熟後即可撈起，沾【醬料】享用。

大豆製品含有異黃酮，它的作用與女性荷爾蒙相似。建議注重養生的女性
朋友多吃豆腐、豆漿、油豆皮的鍋物。

蛤蠣生菜梅子味噌鍋

蛤蠣湯和梅子味噌醬能促進胃液分泌

【火鍋料】

雞胸肉（去皮，包上保鮮膜拍打 30 下，斜切薄片）…200g

生菜（撕成大塊）…150g

【湯汁】

蛤蠣罐頭…1 小罐（130g）

昆布（5cm 正方形）…1 片

水…2 杯

【醬料】

梅乾（去籽，稍微拍打）…1 個（10g）

味噌… ½ 大匙

味醂…1 大匙

麻油… ½ 小匙

◉ 作法

❶ 將【湯汁】中的蛤蠣連同罐汁一起倒入鍋中，再放入昆布、水、雞胸肉，以中火加熱。

❷ 煮沸後撈去浮沫，轉成小火續煮 5 分鐘。

❸ 放入生菜，煮熟即可沾【醬料】享用。

用少油脂的雞胸肉和生菜來安慰虛弱的腸胃。拍打雞胸肉能拍鬆纖維，更容易煮熟，口感也更柔嫩。

蔬菜涮涮鍋

明明「很濃郁」，卻很有減肥效果

減少糖分

【火鍋料】

胡蘿蔔（帶皮縱向對切，再斜切薄片→ p106）…80g

蘿蔔（帶皮縱向對切，再斜切薄片→ p106）…100g

紅葉萵苣、嫩菜葉等（撕成大片）…適量

牛蒡（刨成大片的竹葉狀→ p109）…100g

洋蔥（切成 1cm 寬的薄片）…50g

【湯汁】

薄口醬油…2 大匙　　　　　　味醂…2 大匙

昆布（5cm 正方形）…1 片　　水…3 杯

柴魚片（用廚房紙巾包起來→ p105）…3 ～ 5g

【醬料】

鹽… ½ 小匙　　　　　麻油…1 大匙

粗粒黑胡椒… ½ 小匙

【完成】

檸檬（切成月牙狀→ p108）…適量

◉ 作法

❶ 鍋中放入【湯汁】和牛蒡、洋蔥，以中火煮沸，撈去浮沫後轉小火，續煮 1 ～ 2 分鐘。

❷ 取出柴魚包，放入其餘蔬菜。

❸ 煮至個人喜好的熟度，沾【醬料】享用，也可隨個人喜好加點【完成】。

米飯和烏龍麵直接冷凍入鍋

火鍋料吃完後，最後可再加入「米飯」和「烏龍麵」。

如果是醬油口味，這兩種絕對錯不了。

由於要久煮，因此可以冷凍直接入鍋。

可以將米飯先一人份一人份地冷凍起來。

將 100 ～ 150g 的米飯放在保鮮膜上，鋪成 2 張名片大小包起來，然後冷凍。

要使用時拿掉保鮮膜就可以直接入鍋，非常方便。

如果湯汁變少，只要加點水即可，這樣就很好吃了喔。

西式火鍋就用法國麵包

西式鍋或南洋風味鍋，最後可加入麵包。

推薦使用皮較硬且久煮不爛的法國麵包。

將變硬的法國麵包稍微烤一下，最後放入鍋中，就能享受麵包丁般的口感了。

如果是蒜香鍋或義式水煮魚鍋，讓麵包吸滿油汁和湯汁更是別有一番風味。

冬粉和麵線也出奇地好用

乾冬粉可直接入鍋，非常方便。

而且很快就煮熟，吸飽湯汁的冬粉，好吃極了。

至於麵線，由於含有鹽分，直接入鍋就太鹹了。

適合用於涮涮鍋或滋味清爽的小鍋。

清爽的小鍋最後就加入泡麵

泡麵適用於味道清爽的鍋物。

泡麵會吸收湯汁，而且通常會附上調味包，可讓湯汁更濃郁。最後也可以放入豆漿或是打個蛋。

新鮮拉麵的表面有一層麵粉，直接放入會讓湯汁變濃稠，因此得先在鍋中加點水。

但如果將拉麵先煮好再放入鍋中，就不需要再加水。

義大利麵就用筆管麵

要加入義大利麵的話，強力推薦筆管麵。

筆管麵久煮不爛，而且大小適口，吃起來很方便。

由於筆管麵多半要煮 9 ～ 13 分鐘才會熟，可先煮好冷凍起來，使用時更方便。

煮好後裹上一層油再冷凍，這樣不但解凍較快，更容易與湯汁的味道融和。

絕對少不了起司和蛋

火鍋料吃完後少不了的好料就是「起司」和「蛋」。

它們和米飯、麵包、拉麵、義大利麵等「結尾食材」都很搭，而且無論和什麼口味的湯汁，如醬油、味噌、番茄、海苔等，也都超速配。

起司可以選用綜合起司或起司粉，或是兩種雙搭都很好。

加蛋的話，訣竅在於煮到水分開始變少便熄火，用餘熱來加溫，蛋就會呈黏糊糊的狀態，更好吃。

第 5 章

冰箱空蕩蕩！
速成超商鍋

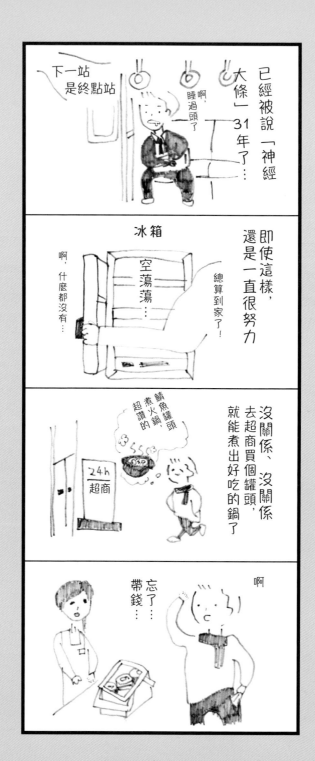

「冰箱裡什麼也沒有⋯⋯」、「回家太晚，車站前的超市早打烊了⋯⋯」本篇為了解決這種情形，介紹8道利用超商買得到的罐頭、冷凍食品、泡麵等快速就能煮好的小鍋食譜。罐頭和冷凍食品本來就調味好了，煮成火鍋既方便又好吃。特別推薦給平日就愛好「速食」的男性朋友們。

冷凍炸雞橙醋鍋

260
kcal

冷凍炸雞本身就是美味的來源

【火鍋料】

炸雞塊（冷凍）…3～4個

切好的蔬菜（高麗菜、豆芽菜、胡蘿蔔、青椒等）…共200g

鴻喜菇（去掉根部後分成小朵）…50g

【湯汁】

醬油…1½ 大匙

醋…1 大匙

味醂…2 大匙

水…1 杯

◉ **作法**

❶ 鍋中放入冷凍的炸雞塊。

❷ 加入【湯汁】，蓋上鍋蓋，以中火加熱。

❸ 煮沸後再續煮2～3分鐘，放入切好的蔬菜和鴻喜菇，煮熟即可享用。

用市售的橙醋取代【湯汁】的話。比例大約是1杯水放3～4大匙的醋。

牛肉奶油醬油鍋

310 kcal

奶油和醬油大發揮的超美味鍋

【火鍋料】
牛肉罐頭…1 罐
高麗菜（切成 2cm 寬）…200g
玉米粒罐頭…2 大匙

【湯汁】
醬油…1 大匙
水…1 杯

【完成】
奶油…10g
粗粒黑胡椒…可多加一點

◎ **作法**
❶ 鍋中放入高麗菜和玉米。
❷ 從罐頭取出牛肉，輕輕弄散後放在作法 1 上，加入【湯汁】。
❸ 蓋上鍋蓋，以中火加熱，煮熟後放入【完成】即可。

港式涮涮鍋

辣辣的湯汁裡有干貝的鮮美

【火鍋料】

油豆皮（用溫水搓洗，再切成 2cm 寬）…2 片

胡蘿蔔（去皮，刨成帶狀→ p108）…80g

珠蔥（切成 10cm 長）…50g

【湯汁】

干貝罐頭…1 小罐（65g）　　　鹽… ½ 小匙

豆瓣醬…1 小匙　　　　　　　花椒粉… ½ 小匙

大蒜（磨泥）…1 瓣　　　　　醬油…1 小匙

沙拉油…1 大匙　　　　　　　水…2 杯

【完成】

辣油…適量

◉ **作法**

❶ 將【湯汁】中的干貝連同罐汁放入鍋中，再加入【湯汁】中的其餘調味料。

❷ 以中火煮沸，放入油豆皮、胡蘿蔔、珠蔥。

❸ 煮熟即可享用。依個人喜好加點【完成】。

用豬肉片或火腿等代替油豆皮也很讚喔。

義式水煮魚鍋

650 kcal

鯖魚罐頭和小番茄做成的速成「歐風鍋」

【火鍋料】
水煮鯖魚罐頭（肉太大請先輕輕弄碎）…1 罐（210g）
橄欖油…2 大匙
大蒜（切薄片）…1 瓣
巴西里（稍微撕開）…適量
小番茄（去蒂，橫向對切）…6 個

【湯汁】
鹽… ⅓ 小匙
一味粉…少許

◉ 作法
❶ 平底鍋中放入橄欖油和大蒜，以中火加熱，炒出香氣後放入巴西里。
❷ 將鯖魚連同罐汁放入作法 1 中，加入小番茄。
❸ 撒上【湯汁】，蓋上鍋蓋，以小火蒸煮 3 分鐘。

用鯖魚罐頭的罐汁和番茄、橄欖油一起煮成的湯汁。法國麵包沾這種湯汁，
無敵好吃。

韓式部隊鍋

用泡麵煮成的韓式泡菜鍋

【火鍋料】

維也納香腸（斜斜切出 3 道切痕）…3 根

韓式泡菜（太大請稍微切開）…80 ～ 100g

高麗菜（切成 5cm 正方形）…100g

泡麵…1 塊

【湯汁】

燒肉醬…4 大匙

水…2 杯

◉ 作法

❶ 鍋中放入【湯汁】，混合後以中火加熱。

❷ 煮沸後，放入高麗菜、韓式泡菜、維也納香腸、泡麵。

❸ 邊攪開泡麵邊煮，煮熟即可享用。

「燒肉醬」含有佐料、香料等，鮮美可口，堪稱「麵味露第二」，可以當成湯底發揮威力。

泰式酸辣鍋

用蘑菇罐頭煮出辛辣風味

【火鍋料】
蒸竹輪（縱橫對切成 4 等分）…2 條
蘑菇罐頭…約 5 ～ 6 個（50g）
洋蔥（切成 6 等分的月牙狀→ p108）… ½ 個（100g）
小番茄（去蒂）…2~ 3 個

【湯汁】
鹽… ½ 小匙
蠔油…1 大匙
醋或檸檬汁…2 大匙
麻油…1 小匙
紅辣椒（切小片）…1 根
櫻花蝦（稍微切碎）…2 大匙（6g）
生薑（切薄片）…7.5g
水…2 杯

【完成】
香菜…適量

◉ 作法
❶ 鍋中放入【湯汁】和洋蔥，以中火加熱。
❷ 煮沸後，放入竹輪、蘑菇罐頭、小番茄。
❸ 再次煮沸後，轉小火續煮 5 分鐘。上下翻動，再撒上【完成】即可。

馬鈴薯燉肉鍋

590
kcal

炸薯條的意外美味成為亮點

【火鍋料】
豬五花薄片（切成 5cm 長）…100g
炸薯條（冷凍）…100 ～ 150g
珠蔥（切成 5cm 長）…50g

【湯汁】
燒肉醬…4 ～ 5 大匙（60 ～ 75g）
豆瓣醬…1 小匙
水…1½ 杯

◉ 作法
❶ 鍋中放入【湯汁】，以中火加熱。
❷ 煮沸後放入豬肉，冷凍的炸薯條、珠蔥。
❸ 煮熟且入味即可。

「燒肉醬」和薯條表面的油脂、調味料，成為最佳湯底。薯條用煮的，可以吃到油炸所吃不到的美味和香氣。

培根豆腐鍋

裏在豆腐上的培根肉汁，讓人食指大動

【火鍋料】
培根（對半切開）…3 片（約 45g）
豆腐（對半切開）…300g
韭菜（切成 6cm 長）…50g

【湯汁】
麵味露（稀釋成 2 倍）…3 ～ 4 大匙
麻油…1 小匙
水…1 杯

【完成】
胡椒…少許
芥末…適量

◉ 作法
❶ 鍋中放入【湯汁】，以中火加熱，再依序放入豆腐、培根。
❷ 煮沸後，轉成小火，邊舀起湯汁淋在火鍋料上，邊煮 5 ～ 6 分鐘。
❸ 將豆腐挪到旁邊，放入韭菜，煮熟即可。撒上胡椒，依個人喜好放入
　 芥末。

比起香腸、火腿，培根絕對與豆腐更搭。煙燻的香氣和適當的脂肪是美味
的要素。

黑色與白色的土鍋
建議先準備好黑色與白色的土鍋。豆漿鍋等煮汁為白色的，就用黑鍋，一般口味或是南洋風味的鍋物，就搭配白鍋，這樣能讓小鍋生活更有趣。

琺瑯鍋
除了土鍋，輕巧好用的琺瑯鍋也很方便。它不但保溫佳，容易清洗，而且色彩多彩多姿，可為餐桌增色不少。

平底鍋及鑄鐵鍋
直接拿平底鍋（左）當火鍋用也可以。尤其鐵製的鑄鐵鍋（右）不易變涼，很適合用於西班牙蒜香鍋、涮油鍋、壽喜燒等。

分裝用的小碗
照片右上方有把手的小碗是鍋物的基本用具，但也可以使用飯碗（左上）、稍小的調理碗（左下）、中碗（右下）等。不同的鍋物使用不同的碗，也是樂趣之一。

湯匙
最上面那二種是基本款，但木製的湯匙不會變燙，能夠好好喝湯，因此也很推薦。

裝佐料的碟子
用各種小碟子來盛裝佐料，桌上就會繽紛熱鬧起來。也可以使用淺型的小酒杯。到雜貨店選購有特色的小碟子也是一大樂趣。

鍋墊
不用鍋墊而用舊報紙，那就沒 fu 了。
請依當天的心情或是鍋物的種類，選
用木製、布製、軟木製的鍋墊來助
興。

刨絲器
建議選用刨面呈拱型且面積大的刨絲
器，這樣會比較省力。

浮沫撈除器
很多人使用大湯勺或
小濾網來撈除浮沫，
但這種矽膠製的浮沫
撈除器，只要輕輕刷
過就會吸附浮沫，大
大推薦。

刨刀
這種形狀的刨刀最好
拿、最好用。

夾鏈袋
事先將火鍋料一人份一人份地裝好才方
便。裝蔬菜的重點在於裡面要有一點空
氣，讓空氣作為緩衝，放入冰箱才不會
因堆疊而壓壞。

密封罐
請準備幾個密封罐。
例如昆布是鍋物料理
的必需品，可以先剪
成 5cm 正方形後放
入罐中保存起來，要
用時就方便多了。

瓦斯爐
1 ～ 2 人份的話，建議使用這種小型瓦
斯爐。它的爐架大小剛好符合小鍋的尺
寸，而且火焰方向是向內的，熱效率佳。

廚房剪刀
這種剪刀用來剪雞翅或昆布等非常好用，但其實它還能
用來剪蔬菜，這樣就不會弄髒砧板和菜刀了。建議選用 2
片刀刃可以拆卸的，比較洗得乾淨。

後記

　　《一個人的小鍋料理》食譜如何？心動了嗎？

　　如果這本書能讓各位發現，鍋物不但是簡單且健康的料理，更能溫暖我們的身心，那就太棒了。

　　過去，提到火鍋，印象就是一大鍋，例如「壽喜鍋」、「什錦鍋」……，家人圍著大鍋大快朵頤。相信很多人都有這樣的童年回憶吧。

　　不過，最近的飲食市場已經「個食化」了。超商裡有一人獨享的泡麵、麵食類，超市裡有小包的熟食、一人份的火鍋用蔬菜和湯汁，都大受歡迎。或許家人齊聚大啖大鍋的時代已經結束，如今是「小鍋當道」了。

　　事實上，獨居的人數逐年攀升，雙薪家庭的數量更是爆增，加上家人回家時間都不同，因此一個人吃晚飯早就理所當然了。我想，正因為處在這樣的時代，能讓一個人的餐桌更多彩多姿，更散發幸福滋味的「小鍋料理」才會應運而生。

大鍋、小鍋雖然都是火鍋，但以料理來說，兩者大不同。大鍋是將大量的火鍋料放入大量的湯汁中，各種味道混合的結果，反而比較沒特色，煮來煮去就是「火鍋的味道」。因此，要決定火鍋的滋味，就要用味噌或韓式泡菜等調味料。

　　但是小鍋不一樣。小鍋放入的火鍋料和水分都有限，烹煮的時間短，於是火鍋料的味道會直接影響火鍋風味。但正因為如此，我們可以在火鍋料和調味料的搭配上多點巧思，煮出獨特的滋味，就能享受變化無窮的小鍋料理了。

　　小鍋是非常陽春的料理。不過，就因為陽春，才能透過食材的切法、調味料的調法改變味道，因此是一種「有深度的料理」，值得下工夫。各位若能藉由本書開始發覺「飲食的妙趣」，那真是再開心不過了。

2016 年 11 月　　　　　　　　　　　　　　　小田真規子

一個人的小鍋料理（暢銷紀念版）

快煮 10 分鐘，自然無添加的平價食材，讓外宿學生、忙碌上班族、獨居者、銀髮族都能輕鬆享受營養美味的 50 道暖心小鍋食譜

原 著 書 名／まいにち小鍋——每日おいしい 10 分レシピ
作　　　者／小田真規子
譯　　　者／林美琪

總 編 輯／王秀婷
責 任 編 輯／洪淑暖
編 輯 助 理／梁容禎
版　　　權／徐昉驊
行 銷 業 務／黃明雪

發 行 人／涂玉雲
出　　　版／積木文化
　　　　　104 台北市民生東路二段 141 號 5 樓
　　　　　官方部落格：http://cubepress.com.tw/
　　　　　電話：(02) 2500-7696 ｜ 傳真：(02) 2500-1953
　　　　　讀者服務信箱：service_cube@hmg.com.tw
發　　　行／英屬蓋曼群島商家庭傳媒股份有限公司城邦分公司
　　　　　台北市民生東路二段 141 號 11 樓
　　　　　讀者服務專線：(02)25007718-9 ｜ 24 小時傳真專線：(02)25001990-1
　　　　　服務時間：週一至週五上午 09:30-12:00、下午 13:30-17:00
　　　　　郵撥：19863813 ｜ 戶名：書虫股份有限公司
　　　　　網站：城邦讀書花園 ｜ 網址：www.cite.com.tw
香港發行所／城邦（香港）出版集團有限公司
　　　　　香港灣仔駱克道 193 號東超商業中心 1 樓
　　　　　電話：852-25086231 ｜ 傳真：852-25789337
　　　　　電子信箱：hkcite@biznetvigator.com
馬新發行所／城邦（馬新）出版集團 Cite (M) Sdn Bhd
　　　　　41, Jalan Radin Anum, Bandar Baru Sri Petaling,
　　　　　57000 Kuala Lumpur, Malaysia.
　　　　　電話：603-90578822 ｜ 傳真：603-90576622
　　　　　email: cite@cite.com.my

封面設計／郭家振
製版印刷／上晴彩色印刷製版有限公司

國家圖書館出版品預行編目（CIP）資料

一個人的小鍋料理：快煮 10 分鐘，自然無添加的平價食材，讓外宿學生、忙碌上班族、獨居者、銀髮族都能輕鬆享受營養美味的 50 道暖心小鍋食譜 / 小田真規子著；林美琪譯 . -- 二版 . -- 臺北市：積木文化出版：英屬蓋曼群島商家庭傳媒股份有限公司城邦分公司發行，2021.02
　面；　公分
暢銷紀念版
譯自：まいにち小鍋：每日おいしい 10 分レシピ
ISBN 978-986-459-265-4(平裝)

1. 食譜

427.1　　　　　　　　　　110000063

Mainichi Konabe Mainichi Oishii 10 pun Recipe
by Makiko Oda
Copyright © 2016 Makiko Oda
Chinese translation in complex characters copyright © 2018 by Cube Press
All rights reserved.
Original Japanese language edition published by Diamond Inc.
Chinese translation rights in complex characters arranged with Diamond, Inc.
through Japan UNI Agency, Inc.

2018 年 1 月 2 日初版一刷
2022 年 5 月 25 日二版三刷
售價 360 元
ISBN 978-986-459-265-4 【平面／電子版】